Bibliografische Information der Deutschen Nationalbibliothek:

Die Deutsche Bibliothek verzeichnet diese Publikation in der Deutschen National-
bibliografie; detaillierte bibliografische Daten sind im Internet über http://dnb.d-
nb.de/ abrufbar.

Impressum:

Copyright © 2015 GRIN Verlag
Druck und Bindung: Books on Demand GmbH, Norderstedt Germany
ISBN: 9783668966031

Fabian Roth

FEM in der Geotechnik. Einfluss einer Nachbarbebauung auf die Ankerkräfte, Biegebeanspruchung und Verformung einer Schlitzwand in Wand-Deckelbauweise

GRIN Verlag

Inhalt

Abbildungsverzeichnis

Tabellenverzeichnis

1. Walls FEM

1.1 Grundlagen

Bei dem Programm Walls FEM der Firma Fides DV-Partner handelt es sich um eine Software, die mittels der Finite Element Methode die Berechnung von Baugruben und deren Verbau ermöglicht. Durch die schnell verständlichen Eingabemöglichkeiten können so, auch komplexere Systeme in kurzer Zeit mit möglichst hoher Genauigkeit berechnet werden.

Bei der Finite Element Methode wird ein Netz über den zu berechnenden Körper, in diesem Fall der an der Baugrube anstehende Boden, gelegt und über Differentialgleichungen die anfallenden Kräfte beziehungsweise Verformungen an den Knotenpunkten berechnet.

1.2 Eingabe eines Systems

Im Ersten Schritt der Systemeingabe muss die oberste Bodenschicht erstellt werden. Wie bei allen Konstruktionsmöglichkeiten kann dies sowohl über die Icons der Werkzeugleiste als auch über die Dropdown-Liste „konstruieren" erfolgen. Ist die oberste Bodenschicht Graphisch angelegt, werden im Anschluss die Bodenkennwerte eingegeben. Im nächsten Schritt können weitere Bodenschichten angelegt werden.

Ist der Baugrund eingegeben sollte der Verbau der Baugrube angelegt werden. Auch hier erfolgt nach der graphischen Eingabe die Angabe der für die Berechnung nötigen Parameter. Ligen Belastungen vor sollten diesen In der ersten Bauphase eingegeben werden, da sie dann in alle weiteren übernommen werden. Nun kann die nächste Bauphase angelegt werden. In dieser kann jetzt eine Aushubphase eingegeben werden, ohne dass das Grundsystem verloren geht. Im Weiteren können zusätzliche Verankerungen oder Aussteifungen in das System eingebracht werden. Während die Parameter der Steife manuell eingegeben werden müssen, ist im Programm eine umfangreiche Auswahl an Ankern vorhanden, lediglich die Abmessungen müssen eingegeben werden. Es ist jedoch zu empfehlen, dass Verankerungsmittel in einer neuen Bauphase eingegeben werden um auch die Einbauphase zu berechnen.

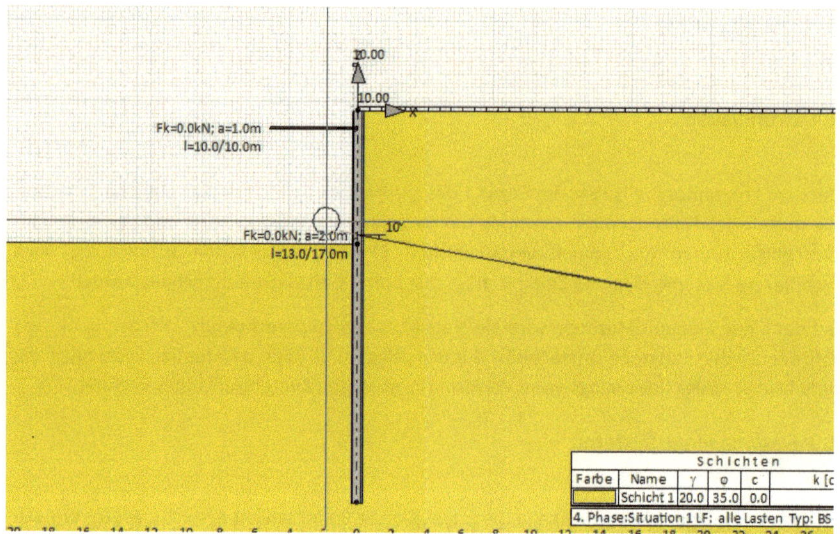

Abbildung 1: Erste Aushubphase mit Anker (aus Walls-FEM, 2015)

Ein Grundwasserspiegel lässt sich ähnlich der Bodenschichten über „Konstruieren" erstellen. Ist das System komplett eingegeben kann über „FEM" unter dem Unterpunkt „Netz + FE-Daten generieren" Das FE-Netz erstellt werden. Dieses kann bei Bedarf angepasst werden.

1.3 Berechnung des eingegebenen Systems

Ist das System mit sämtlichen Bauzuständen und Belastungen angelegt, kann über die Dropdown-Auswahlliste „FEM" unter „SOFiSTiK WinPs" die Berechnung gestartet werden.

SOFiSTiK WinPs stellt ein Unterprogramm dar, mit diesem werden die Berechnungen für alle geotechnischen Programme der Firma Fides DV-Partner.

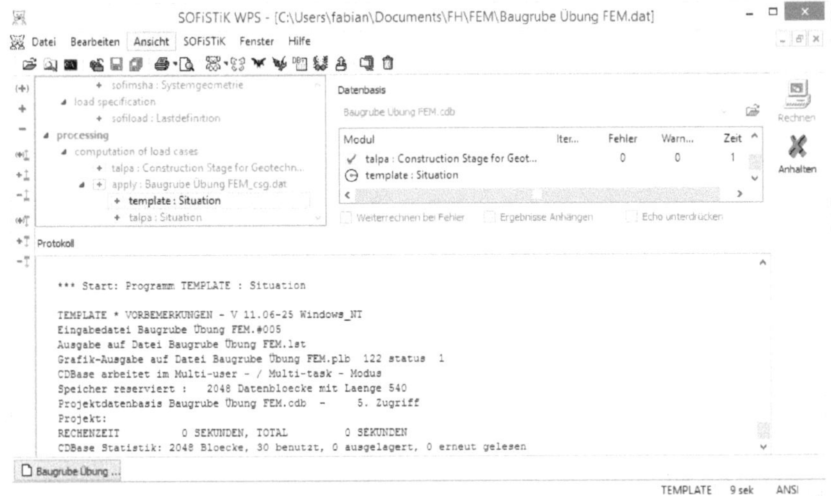

Abbildung 2:Laufende Berechnung (aus SOFiSTiK WPS, 2015)

Ist diese abgeschlossen gibt es mehrere Möglichkeiten sich die Ergebnisse anzeigen zu lassen. Für eine graphische Darstellung können zum Beispiel die Unterprogramme URSULA oder ANIMATOR genutzt werden. Wobei Ursula Zweidimensionale Zeichnungen mit detaillierten Ergebnissen für die unterschiedlichen Bauzustände liefert. Beispielsweise die Verformungen einer Schlitzwand werden für jeden Lastfall in unterschiedlichen Höhen angegeben und Maximalwerte zusätzlich markiert.

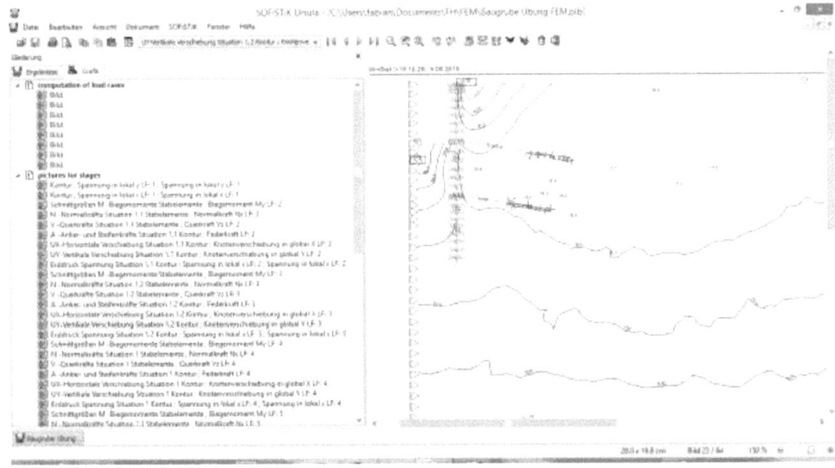

Abbildung 3: Benutzeroberfläche URSULA (aus SOFiSTiK Ursula, 2015)

Der ANIMATOR dagegen stellt das System dreidimensional dar und macht es möglich die Verformungen überhöht wiederzugeben. Dieses Unterprogramm ist eher für einen groben Überblick geeignet. Allerdings lassen sich Änderungen sehr gut sichtbar machen.

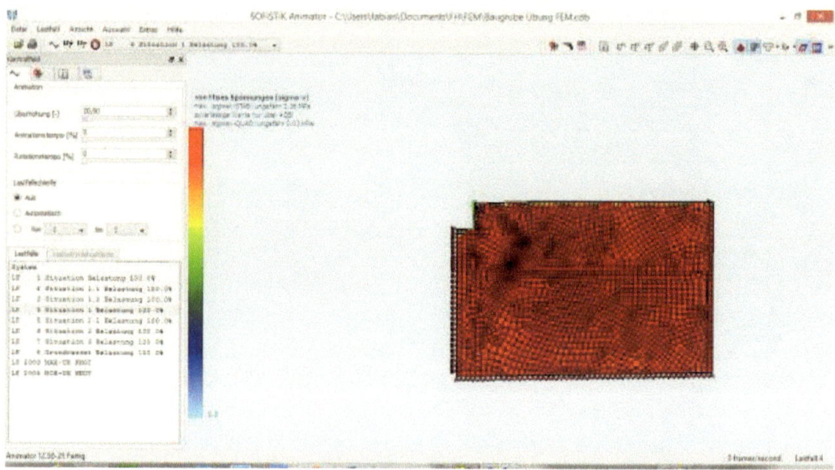

Abbildung 4: Benutzeroberfläche Animator (aus SOFiSTiK Animator, 2015)

Zusätzlich können auch Datenblätter ausgegeben werden, jedoch sind diese sehr umfangreich und unübersichtlich. Bei der Bearbeitung dieser Übung wurde daher hauptsächlich das Programm URSULA verwendet.

1.4 Probleme bei der Systemeingabe

Bei der Eingabe des Systems ist besonders eine Schwachstelle des Programmes Walls-FEM aufgefallen. Die Baugrube kann lediglich auf der linken Seite der Schlitzwand eingegeben werden. Natürlich kann ein System einfach gespiegelt eingegeben werden. Soll hingegen wie in dieser Übung das Verhalten von zwei Baugruben aufeinander untersucht werden, die nacheinander ausgehoben werden, ist dies ein Problem. Denn auch die oberste Bodenschicht kann nur im ersten Bauzustand geändert werden. Daher muss hierzu eine neue Datei erstellt werden, in der der letzte Bauzustand der ersten Baugrube eingegeben wird und die oberste Bodenschicht so angelegt ist, dass eine zweite Baugrube entsteht.

Ein weiteres Problem ist das erhöhen von aufgebrachten Lasten in unterschiedlichen Bauzuständen. Das Programm macht es nicht möglich diese im folgenden Bauzustand zu erhöhen. Auch das Aufbringen einer zweiten Last an selber Stelle ist nicht möglich. Die einzige Möglichkeit besteht darin, die Last zu entfernen und eine andere einzufügen.

2. Das untersuchte System

Wie in der Aufgabenstellung beschrieben ist die achtzehn Meter tiefe Baugrube zweifach verankert und zusätzlich ausgesteift. Diese Aussteifung wird durch eine Schlitzwand-Deckelbauweise ermöglicht. Es liegt bereits zu Beginn eine zusätzliche Beanspruchung des anstehenden Bodens von 10 kN/m² vor. Als Baugrubenbreite wurden zehn Meter angenommen. Nach Fertigstellung der Baugrube wird diese durch eine Nachbarbebauung zusätzlich beansprucht.

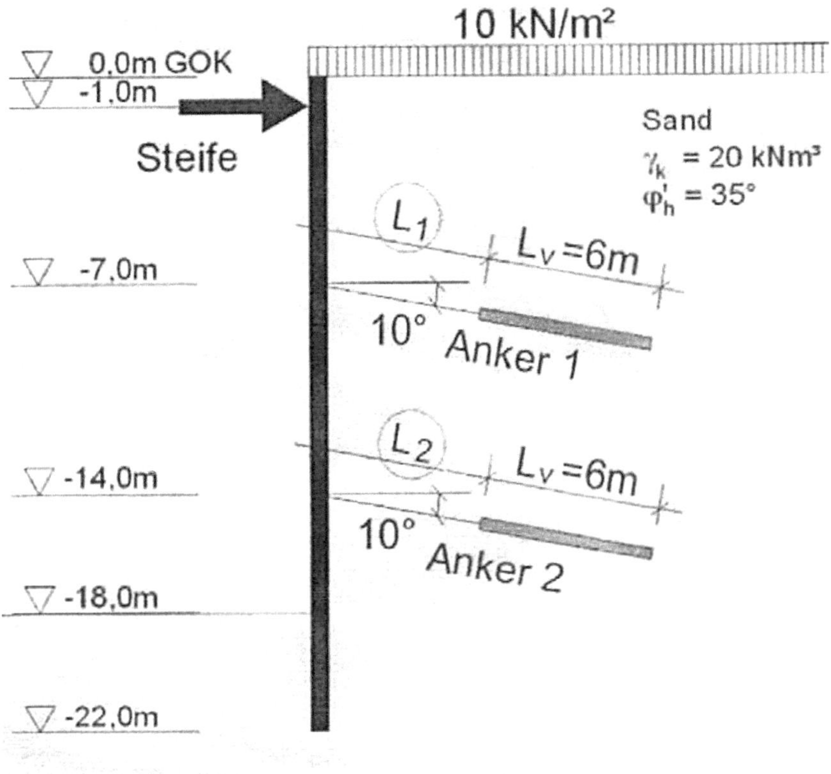

Abbildung 5: Geometrie der Baugrube (aus Aufgabenstellung)

Im Folgenden werden die einzelnen Komponenten des Systems und die zugehörigen Parameter einzeln erläutert.

2.1 Der Baugrund

Im System liegt nur eine Bodenschicht vor, hierbei handelt es sich um Sand mit folgenden Parametern.

Wichten	
γ	20
$\gamma.R$ (wassergesättigt)	20
γ'	10
Scherparameter	
φ	35
c	0
Übergang: Wand-Boden	
CP,W (Druckfeder)	200000
CQ,W (Querfeder)	200000
Risslast	1000000
δ_a/φ - Verhältnis	2/3
	δ jetzt anpassen
$\delta.a$	20
$\delta.p$	-20
Pfähle / Nägel	
$\tau.gr$	115
FE Parameter	
Materialgesetz	0: GRAN extended
K0 (Erddruckbeiwert)	0
μ (Querdehnzahl)	0.3
E.50ref	23000
ft (Zugfestigkeit)	0
ξ (Dilatanz)	0
Materialgesetz: GRAN	
E	35000
Es,0 (konstant)	95000
Exponent m	0.5
Rf (Bruchfaktor)	0.9
Pref (Referenzdruck)	100

Abbildung 6: Gewählte Parameter des Baugrunds (aus Walls-FEM, 2015)

Diese Parameter wurden nach Literatur gewählt und mit dem Betreuer abgesprochen.

2.2 Die Schlitzwand

Die Dicke der Schlitzwand beträgt sechzig Zentimeter woraus ein I-Modul von 0,18 m⁴ resultiert. Die Gesamtlänge zweiundzwanzig Meter, davon sind im letzten Bauzustand noch vier Meter im Baugrund eingebunden.

Abbildung 7: gewählte Wandparameter (aus Walls-FEM, 2015)

Das gewählte E-Modul wurde vom Programm vorgeschlagen und übernommen, da der Wert durchaus plausibel ist. In der Praxis wird eine solche Schlitzwand mittels eines Schlitzwandgreifers oder einer Schlitzwandfräse erstellt, wobei der so gebildete Schlitz zur Stabilisierung meist mit einer Betonitsuspension gefüllt werden. Ist diese ausgehärtet, kann der Aushub des anstehenden Bodens beginnen.

2.3 Die Aussteifung

Für die Aussteifung wurde eine Schlitzwand-Deckelbauweise angenommen. Bei dieser Bauweise wird zunächst die Schlitzwand hergestellt und anschließend eine Stahlbetonplatte als Abdeckung über der Baugrube gegossen. In den meisten Fällen wird diese vor dem ersten Aushub erstellt. Jedoch wird für diese Übung davon ausgegangen, dass der Aushub zuerst erfolgen muss und im Anschluss der „Deckel" mit Hilfe einer unteren Schalung erstellt wird. Für die Dicke des Stahlbetondeckels wurden fünfzig Zentimeter angenommen und die Betonfestigkeitsklasse C30/37 gewählt. Der E-Modul beträgt 33000 N/mm².

Aus der Betonfestigkeitsklasse ergibt sich die zulässige Spannung zu:

$$f_{cd} = 0{,}85 * \frac{30}{1{,}35} = 18{,}89 \; N/mm^2$$

Da bei dieser Bauweise ein durchgehender Deckel, anstelle von einzelnen Steifen vorhanden ist, wurde der Abstand senkrecht zur Bildfläche mit einem Meter gewählt. Für die Querschnittsfläche wurde dann die eines „Meterstreifens" berechnet, um eine geschlossene Decke zu simulieren.

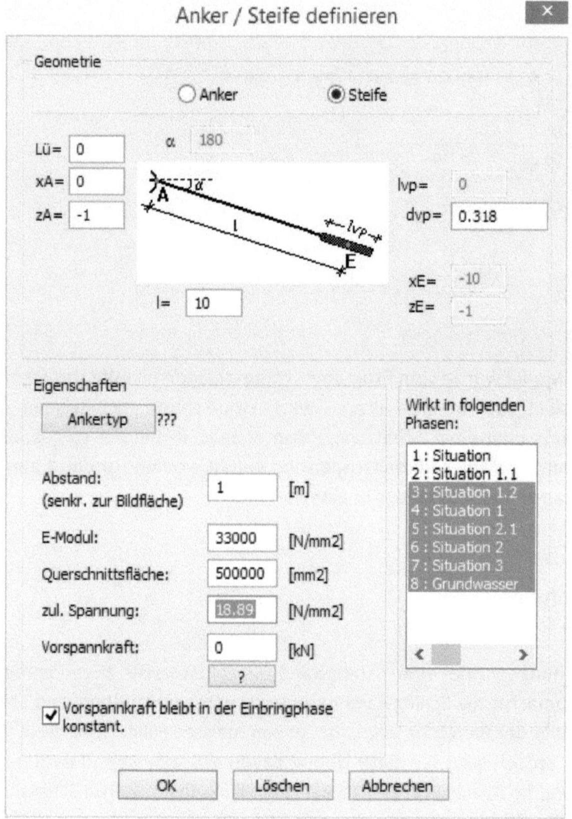

Abbildung 8: Parameter der Aussteifung (aus Walls-FEM, 2015)

Die Länge der Steife, welche der Breite der Baugrube und somit auch der des Stahlbetondeckels entspricht, wurde mit zehn Metern angenommen.

2.4 Die Anker

Die beiden Anker haben gemäß der Aufgabenstellung eine Freie Stahllänge von zehn Metern und eine Verpresskörperlänge von sechs Metern. Der erste wird sieben, der zweite vierzehn Meter unter Geländeoberkannte eingebracht. Die Neigung beträgt jeweils zehn Grad. Die Anker haben einen Abstand von zwei Metern, senkrecht zur Bildebene.

Für diese Übung wurde der Ankertyp Gewi R40 der Firma Dywidag-Systems gewählt.

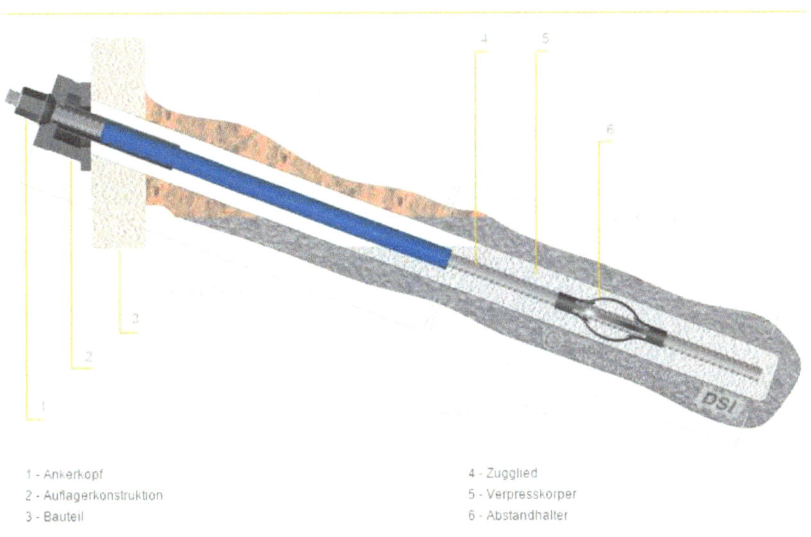

Abbildung 9: Schematische Darstellung des Gewi Ankersystems
(aus www.dywidag-systems.de, 25.8.15)

Die meisten Parameter dieses Ankertyps sind in Walls-FEM vorgespeichert. Zur Sicherheit wurden die Parameter mit Datenblättern der Firma Dywidag-Systems abgeglichen.

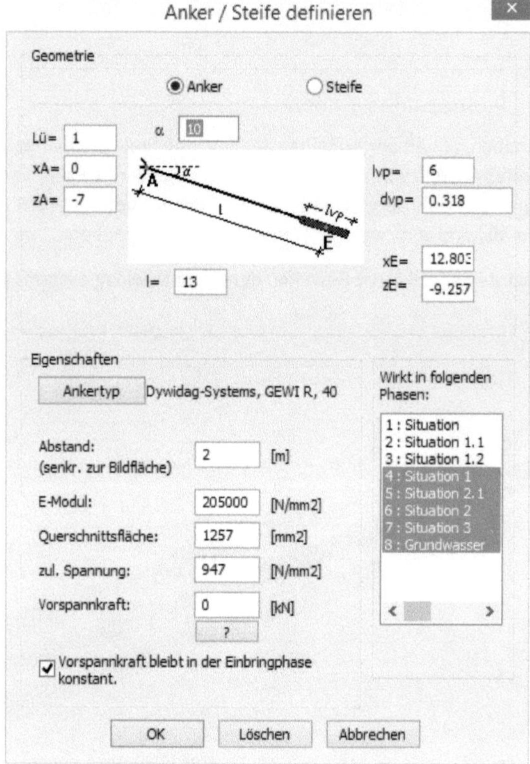

Abbildung 10: Parameter der Gewi-Anker (aus Walls-FEM, 2015)

Auf eine Vorspannkraft wurde verzichtet, da es sich beim dem gewählten System um selbstspannende, also passive Anker handelt. Bei der Dicke der Verpresskörper wurde die realistische Voreinstellung übernommen.

3. Die untersuchten Bauphasen

3.1 Der Grundzustand

Im Grundzustand sind lediglich die Vorhandene Bodenschicht, die Schlitzwand sowie die Belastung der Geländeoberkannte rechtsseitig der Wand angelegt worden. Dies stellt den Zustand vor Beginn des Aushubs da.

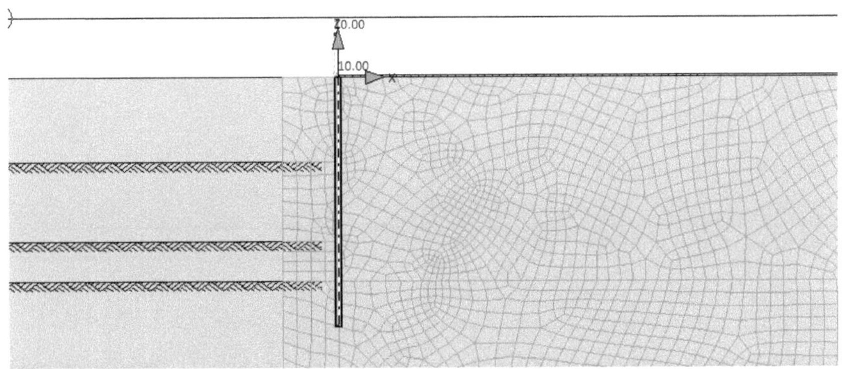

Abbildung 11: Grundzustand des Systems (aus Walls-FEM, 2015)

Im Screenshot ist ebenfalls das generierte FE-Netz zu sehen, sowie die verschiedenen Aushubphasen angedeutet sind. Dieser Zustand findet sich nicht in den Berechnungsergebnissen, da hier keine relevanten Größen auftreten.

3.2 Bauzustand 1 bis 3

Im ersten Bauzustand wird die Baugrube bis auf -7,5 Meter ausgehoben. Zur Vollständigkeit der Berechnung werden in diesem Zustand weder die Aussteifung, noch die Verankerung eingebracht, da diese erst nach dem Aushub erstellt werden können. Diese Phase Simuliert also die Erstellung des Deckels, nach dem Aushub.

Der Bauzustand 2 beschreibt nun die Phase, in der der Deckel bereits fertiggestellt und die Anker eingebracht werden können. Der dritte Bauzustand schließlich simuliert den Zustand, in dem sämtliche Anker der ersten Lage eingebracht wurden.

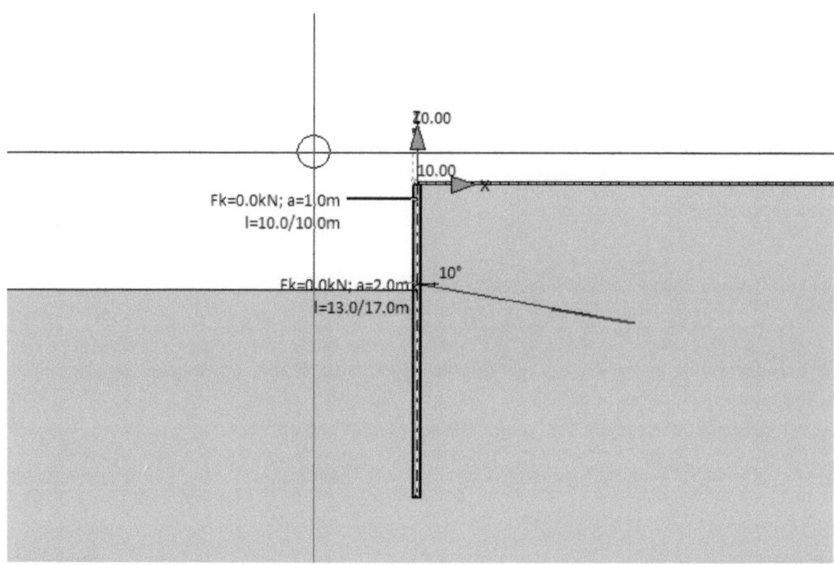

Abbildung 12: Bauzustand 3 (aus Walls-FEM, 2015)

3.3 Bauzustand 4 bis 6

Auch hier wir zunächst der Aushub fortgeführt. Die neue Baugrubensohle liegt nun auf -14,5 Metern. Der Bauzustand 4 simuliert erneut eine Phase in der die zweite Ankerlage der GEWI-Anker eingebracht wird. Nachdem auch diese Ankerlage vollständig ist (Bauzustand 5), erfolgt der Aushub bis auf die endgültige Baugrubentiefe von -18 Metern.

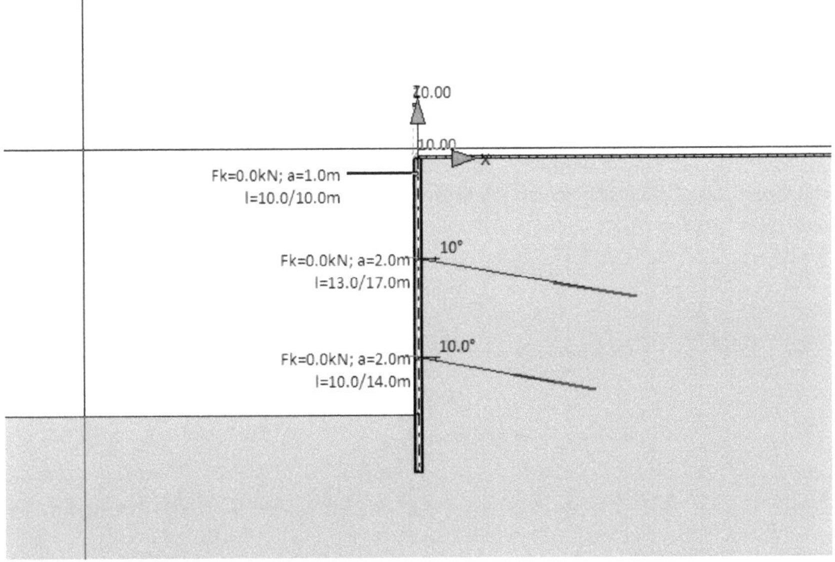

Abbildung 13: Bauzustand 6 (aus Walls-FEM, 2015)

An diesem Punkt können alle Berechnungen für den Ersten Aufgabenteil ausgeführt werden.

3.4 Grundwasser und Nachbarbebauung

Für den zweiten Teil der Übung wurde im siebten Bauzustand noch ein Grundwasserspiegel bei -18 Metern hinzugefügt um die Auswirkungen des Grundwassers auf die Baugrube zu untersuchen.

Für den achten Bauzustand musste, wie unter 1.4 beschrieben, eine neue Datei angelegt. Nur so war es möglich die Nachbarbaugrube, die drei Meter von der Schlitzwand entfernt in vier Meter unter der Geländeoberkannte gegründet wird, in das Programm einzugeben.

Danach wird in den folgenden Bauzuständen das Nachbargebäude errichtet, wobei je Bauphase die Belastung in der neuen Baugrubensohle jeweils um 20 kN/m² (ein Stockwerk) erhöht wird, bis der Endzustand von 200 kN/m² erreicht ist.

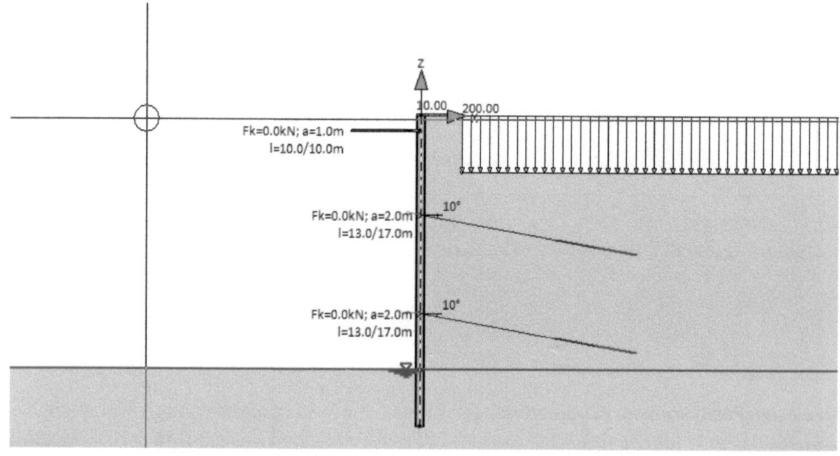

Abbildung 14: Baugrube mit fertiggestellter Nachbarbebauung (aus Walls-FEM, 2015)

4. Ergebnisse der Berechnung

4.1 Bauzustand 1 bis 6

Wie im ersten Aufgabenteil gefordert, wurden zunächst nie nötigen Bauphasen untersucht, die zur Errichtung der Baugrube notwendig sind. In der nachstehenden Tabelle sind die maßgebenden Schnittgrößen zusammengefasst und sollen im Folgenden näher betrachtet und erläutert werden. Die zugehörigen Ergebnisdatenblätter aus dem Unterprogramm „Ursula" finden sich in Anhang 1.

Tabelle 1: Maßgebende Schnittgrößen, Bauzustand 1 bis 6

| | Ankerkräfte [kN] | | max. Biegemoment [kNm/m] | | | | max Verformung | |
| | | | positiv | | negativ | | | |
Bauzustand	oberer Anker	unterer Anker	position [m]	betrag	position [m]	betrag	betrag in mm	position in m
1	-	-	-10	142,8	-4	-65,4	-18,9	0
2	-	-	-10	149,2	-4	-77,9	-19	0
3	4,28	-	-10	148,5	-4	-73,5	-19	0
4	171,7	-	-18	249,7	-11	-351,2	-30,4	-8
5	185,2	36,1	-18	272,1	-11	-377	-32,6	-8
6	215,1	194,5	-20	161	-11	-435,8	-45,7	-9

Betrachtet man Bauzustand 1, so befindet sich die Größte Verformung wie zu erwarten am Kopf der Schlitzwand und die Ordinate des größten negativen Biegemoments nahe der Mitte des freiliegenden Teils der Schlitzwand. Es kann davon ausgegangen werden, dass genau mittig also bei – 3,75 Metern ein noch etwas höherer Wert auftritt. Jedoch erfolgt die Ergebnisausgabe nur in Meterschritten. Ähnlich verhält es sich mit dem positiven Biegemoment im sich im Boden befindlichen Teil der Schlitzwand.

Nach dem Einbau des aussteifenden Deckels erhöhen sich die Biegemomente leicht, was darauf zurückzuführen sein kann, dass die Aussteifung einen höheren Druck auf die Schlitzwand ausübt.

Auch nach einbringen der ersten Ankerlage lassen sich keine signifikanten Änderungen in den betrachteten Schnittgrößen erkennen.

Im vierten Bauzustand dagegen erhöhen sich, auf Grund des fortschreitenden Aushubs und dem daraus resultierenden Erddrucks, sämtliche Schnittgrößen, während sich ihre Ordinaten ändern. Betrachtet man die zugehörigen Biegemomente in Anhang 1, ist deutlich die Position des Ankers zu erkennen. Dieser verhindert größere Biegemomente. Die größte Verformung der Schlitzwand tritt jetzt kurz unterhalb der ersten Ankerlage auf, was auf die Aussteifung und den Anker zurückzuführen ist.

In Bauzustand 5, nach dem einbringen der zweiten Ankerlage, erhöhen sich sämtliche Schnittgrößen leicht, da eine höhere Spannung in der Verbauwand auftritt.

Im letzten Bauzustand erhöht sich abermals das negative Biegemoment, da der Erddruck nach dem weitern Aushub nochmals steigt. Auch an der Stelle des zweiten Ankers ist erneut ein abfallen der Biegemomente zu beobachten.

Die Ankerkräfte im finalen Zustand betragen lediglich 215,1 und 194,5 kN wobei der Ankerstahl wesentlich mehr tragen könnte:

$$947 \frac{N}{mm^2} * \frac{1257mm^2}{1000} = 1190 \, kN$$

Daher könnte der Ankerquerschnitt in der Praxis durchaus geringer gewählt werden.

4.2 Grundwasser

Wie im zweiten Aufgabenteil gefordert, soll an dieser Stelle ein Vergleich zwischen Bauzustand 6 und dem gleichen Bauzustand mit einem Grundwasserspiegel, der sich bei -18 Metern einstellt, erfolgen. Die zugehörigen Ergebnisdatenblätter befinden sich ebenfalls in Anhang 1.

Tabelle 2: Maßgebende Schnittgrößen, Bauzustand 1 bis 6 und Grundwasser

| | Ankerkräfte [kN] | | max. Biegemoment [kNm/m] | | | | max Verformung | |
| | | | positiv | | negativ | | | |
Bauzustand	oberer Anker	unterer Anker	position [m]	betrag	position [m]	betrag	betrag in mm	position in m
1	-	-	-10	142,8	-4	-65,4	-18,9	0
2	-	-	-10	149,2	-4	-77,9	-19	0
3	4,28	-	-10	148,5	-4	-73,5	-19	0
4	171,7	-	-18	249,7	-11	-351,2	-30,4	-8
5	185,2	36,1	-18	272,1	-11	-377	-32,6	-8
6	215,1	194,5	-20	161	-11	-435,8	-45,7	-9
Grundwasser	220,9	239,6	-20	50,2	-11	-449	-51,9	-9

Es fällt sofort auf, dass sich sämtliche Schnittgrößen erhöhen. Besonders in der zweiten Ankerlage ist eine signifikante Erhöhung der Ankerkraft zu beobachten. Dies lässt vermuten, dass das anstehende Wasser eine erhebliche Druckveränderung im unteren Teil der Schlitzwand verursacht, was zur Erhöhung der Schnittgrößen führt. Dies zeigt sich auch an dem verringerten positiven Biegemoment bei -11 Metern.

4.3 Aushub der Baugrube der Nachbarbebauung

Im dritten Teil der Aufgabenstellung soll nun die Baugrube der Nachbarbebauung angelegt und berechnet werden. Die zugehörigen Ergebnisdatenblätter befinden sich in Anhang 2

Tabelle 3: Maßgebende Schnittgrößen Grundwasser und Aushub der Nachbarbaugrube

| | Ankerkräfte [kN] | | max. Biegemoment [kNm/m] | | | | max Verformung | |
| | | | positiv | | negativ | | | |
Bauzustand	oberer Anke	nterer Anke	position [m]	betrag	position [m]	betrag	betrag in mm	position in m
Grundwasse	220,9	239,6	-20	50,2	-11	-449	-51,9	-9
Aushub NB	129,6	132,8	-20	97	-11	-285,5	-17,3	-10

Sofort fällt im Vergleich zum vorhergehenden Bauzustand auf, dass die Beanspruchungen der Bauteile stark abgenommen haben. Als Ursache hierfür ist der fehlende Boden rechtsseitig der untersuchten Baugrube zu nennen. Da dieser eine Wichte von 20 kN/m³ besitzt und er auf vier Metern Tiefe entfernt wird, ergibt sich eine verringerte Belastung von 80 kN\m².

4.4 Erstellung der Nachbarbebauung

Im letzten Teil der Aufgabenstellung sollen die Auswirkungen der Erstellung des Nachbargebäudes auf die Baugrube untersucht werden. Im Folgenden sind die maßgebenden Schnittgrößen der Berechnung tabellarisch zusammengefasst. Die zugehörigen Ergebnisdatenblätter befinden sich in Anhang 2.

Tabelle 4: Schnittgrößen während der Erstellung des Nachbargebäudes

| | Ankerkräfte [kN] | | max. Biegemoment [kNm/m] | | | | max Verformung | |
| | | | positiv | | negativ | | | |
Bauzustand	oberer Anke	nterer Anke	position [m]	betrag	position [m]	betrag	betrag in mm	position in m
Grundwasser	220,9	239,6	-20	50,2	-11	-449	-51,9	-9
Aushub NB	129,6	132,8	-18	97	-11	-285,5	17,3	-10
Stockwerk 1	144,4	163,3	-18	47,8	-11	-329,4	-20,7	-10
Stockwerk 2	164	186,9	-19	57	-11	-365,7	-23,5	-10
Stockwerk 3	182,8	212,5	-19	44,9	-11	-411	-27	-10
Stockwerk 4	198,6	237,8	-19	23,8	-11	-448,5	-30,2	-10
Stockwerk 5	214,5	265,3	-	-	-11	-483,6	-33,4	-10
Stockwerk 6	229,6	294	-	-	-11	-518	-36,9	-10
Stockwerk 7	243,6	318,8	-	-	-11	-548,1	-39,7	-10
Stockwerk 8	257,5	344,4	-	-	-11	-579,5	-42,7	-10
Stockwerk 9	271,6	369,8	-	-	-11	-613,7	-45,7	-10
Stockwerk 10	288,6	401,3	-	-	-11	-649,3	-49,2	-10

Die schrittweise Erhöhung der Belastung lässt nun die zugehörigen Schnittgrößen linear ansteigen. Dies soll in einem Diagramm unter Abbildung 15 verdeutlicht werden.

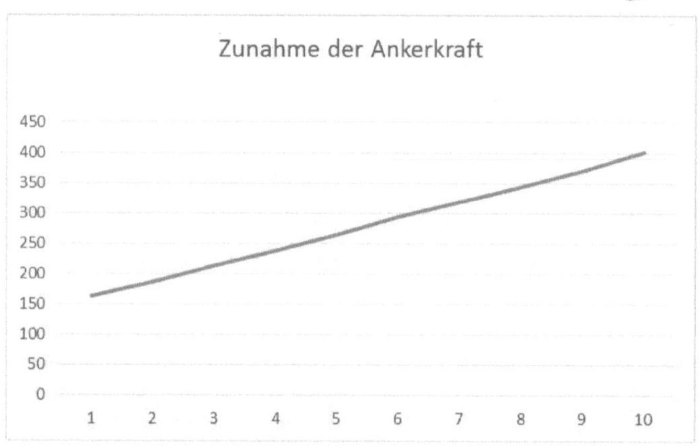

Abbildung 15: Zunahme der Ankerkraft der zweiten Lage über die 10 Bauphasen

Was hier Beispielhaft für die Ankerkraft dargestellt ist gilt gleichermaßen für die anderen Schnittgrößen. Was logisch ist, da alles Schnittgrößen voneinander abhängig sind.

Anzumerken ist an dieser Stelle, dass der Lastfall von vier Stockwerken zwar der Situation vor dem Erstellen der zweiten Baugrube ähnelt, diese jedoch nicht identisch sind, obwohl die Belastung von 80 kN/m² wieder aufgebracht wurde. Dies liegt zum Teil daran, dass die Anfangsbelastung von 10 kN/m² fehlt. Jedoch berücksichtigt Walls-FEM bei Böden natürlich deren Bruchverhalten und somit auch horizontale Einwirkungen. Das Nachbargebäude dagegen weißt nur vertikale Lasten auf.

5. Bewertung und Zusammenfassung

Die Berechnungen haben gezeigt, dass das Grundwasser einen maßgebenden Einfluss auf die Schnittgrößen nimmt. Ebenso wurde ersichtlich, dass Belastungen durch anstehenden einen durchaus anderen Einfluss nehmen als Belastungen durch Bebauung.

Interessant war, dass bei linearer Zunahme der Belastungen auch die auftretenden Schnittgrößen linear zunehmen.

An dieser Stelle soll noch einmal kurz auf das verwendete Programm und dessen Bedienung eingegangen werden.

Walls-FEM macht es nach einer überschaubaren Einarbeitungszeit möglich Berechnungen für den Verbau von Baugruben durzuführen. Jedoch konnte bei der Bearbeitung dieser Aufgabenstellung festgestellt werden, dass zumindest eine Ausgabe des Programms keine sinnvollen Ergebnisse lieferte. Nach einem erneuten rechenlauf schienen die Berechnungen korrekt zu sein.

Dieser Umstand und die unter 1.4 beschriebenen Probleme sind jedoch die einzigen Nachteile die festgestellt werden konnten. Ansonsten ist das Programm benutzerfreundlich aufgebaut und macht ein schnelles arbeiten möglich.

6. Literatur und Programme

Prof. Dr.-Ing. H.-G. Schoen (2009): Skript zur Vorlesung Geotechnik 2 zum Sommersemester 2009 an der Hochschule Trier, Fachbereich Bauingenieurwesen.

SOFiSTiK Animator: Programm zur graphischen Darstellung von Berechnungsergebnissen, Version 12.50-25 (SOFiSTiK AG)

SOFiSTiK Ursula: Programm zur graphischen Darstellung von Berechnungsergebnissen, Version 11.27 (SOFiSTiK AG)

Walls-FEM: Programm zur Berechnung von Verbauwänden, Version 2015.050-U (FIDES DV-Partner GmbH)

www.dywidag-systems.de: offizielle Internetseite der DYWIDAG-Systems International GmbH (abgerufen am 25.8.2015)